U0317324

| 万物的秘密 **生命** |

马的家族

〔法〕弗朗索瓦丝·洛朗 著
〔荷〕卡普辛·马泽尔 绘
苏迪 译

人民文学出版社
PEOPLE'S LITERATURE PUBLISHING HOUSE

或者配鞍，或者裸骑，
可以拉货，可以拉车，也可以拉人，
马从来都是人类最得力的仆役！
驯马的历史可以追溯到五千多年前。

始祖马

马拥有一个共同的祖先：始祖马。

这种食草哺乳动物生活在大约六千万年以前，体型与小狗差不多，

没有蹄……以四趾奔跑！

时光流逝，马逐渐长高、变形，

如今，它们强健，有蹄，

只用一趾行走，与近亲驴、斑马一样，

属于马科！

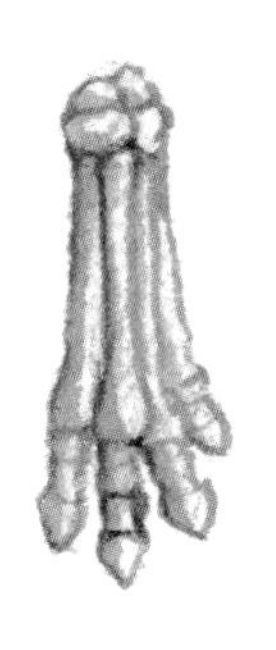

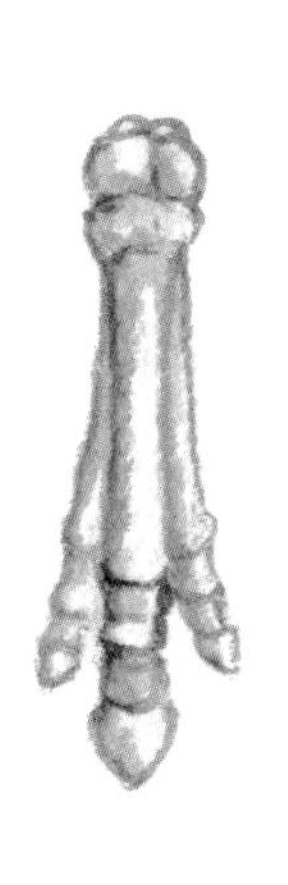

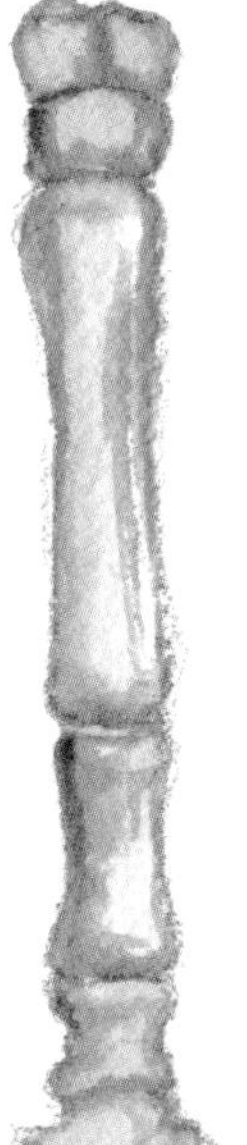

驴骡
马骡
杂交斑马

不同马科动物可以生成多种杂交动物：
公马和母驴会生出驴骡……
公驴和母马会生出马骡……

公斑马和母马会生出杂交斑马……
公斑马和母驴会生出杂交斑驴……
真复杂！

杂交斑驴

佩尔什马
矮种马

马的体型和重量差异巨大，有娇小的矮种马，也有壮硕的佩尔什马。
最小的只有44.5厘米高，25千克重！
最大的却有2.19米高，1500千克重！

马的寿命与品种和生活方式有关：
人饲养的马比野马长寿，
通常可以活到30岁。
老比利保有长寿纪录，享年62岁。

遍布各大洲的数百种马可以分成三个大类：
供人骑的乘马、拉货的挽马
和身高不足1.48米的矮种马。

夏尔马
弗里斯兰马
荷兰挽马
设得兰小马

描述动物的身体部位，
我们通常称之为“爪”“喙”“吻”……
但对于马，这些词并不适用！
和人一样，
它们的身体部位也叫“腿”“脚”“嘴”“鼻”！

但它们的“头发”叫“鬃”，它们的“胡子”叫“鼻毛”，
测量它们的身高时，会测量肩的高度。
注意！马的前腿膝盖事实上等同于我们的腕关节。

额头
鬃毛
面颊
肩
后大腿
背
鼻
尾
鼻毛
髋
口
颈
肩
臀
胸
上臂
肚子
后腿
前臂
踝
膝
胫
球节
腕
前脚
蹄

人的衣装各不相同，马的毛色也各不一样！
灰色圆点、暗褐色、栗色、枣红色、巧克力色、
帕罗米诺色（特指身体淡褐色而鬃毛白色）、喜鹊黑色、红色花斑……
关于马的毛色的词有很多！

真正的白马很少见，这种马的皮肤必须是粉红色的。
如果皮是黑色的，马就是浅灰色的！
没有白毛的马被称为纯色马，也很少见！

浅灰色
栗色
红色花斑

美洲野马

一匹公马、几匹母马、它们的幼崽……

马群驰骋草原！

马是群居动物，

需要同类的扶助、陪伴。

谁是马群的指挥官？母马！

母马的肚子鼓起来啦！

但必须耐心等待，马的孕期长达十一个月。

时间一到，妈妈就会躺下，宝宝的前腿会先伸出来，

然后是头……最后是整个躯干！

母马舔干宝宝，扶它起身……马宝宝跌跌冲冲、磕磕绊绊……

整整一小时后，它终于站起来了！

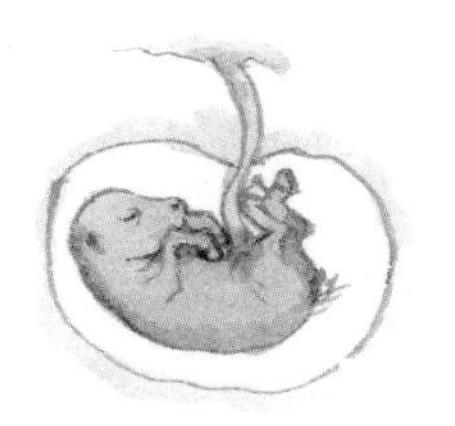

2个月

8个月

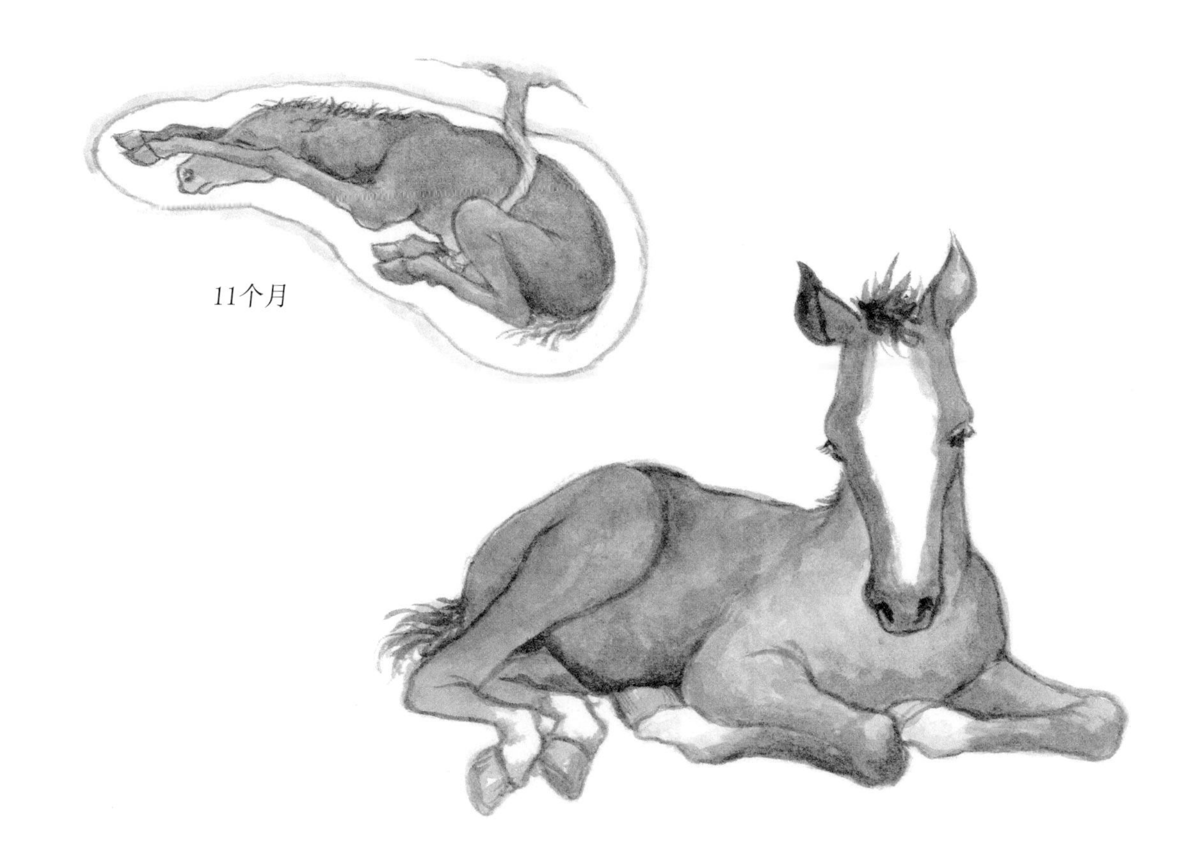

11个月

马传达信息时，不但靠嘶鸣声，也靠耳朵！
耳朵向后，表明它正在等待骑手的命令。
耳朵向前，表明它很专注。
耳朵战栗，表明它很不安，
耳朵倒贴，表明它很生气！
不难理解！

马的听力非常发达，甚至能听见部分超声波……
在喧闹的环境中，敏锐的听觉也是一种困扰！

作为人类最高贵的仆役，马与骑手配合默契：
它的视野比人类的宽阔（约340度），
夜视能力更出色，能够记住所有走过的路，
可惜，几乎不能区分颜色！

如果闻到异味，比如同类或陌生人的气味，
马会抬起头，卷起上唇，如同正在品尝空气！
事实上，它并不直接用鼻子辨别气味，
而是通过上颚的一个小器官，犁鼻器。
所以，马会进行裂唇嗅。

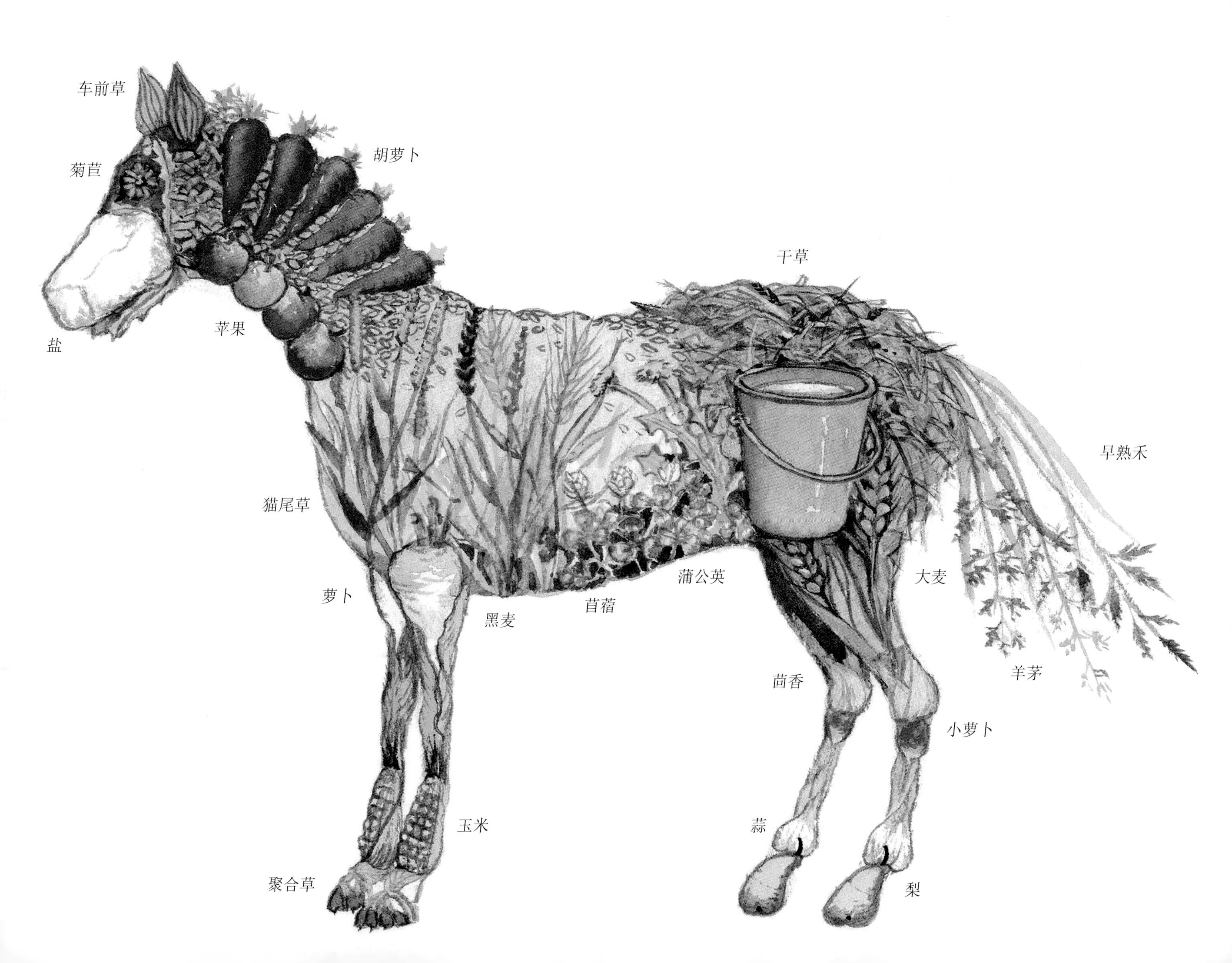
车前草
菊苣
胡萝卜
盐
苹果
干草
早熟禾
猫尾草
萝卜
黑麦
苜蓿
蒲公英
大麦
茴香
羊茅
小萝卜
玉米
蒜
聚合草
梨

在野外，这种食草动物不停地吃草……
但不反刍，它们只有一个胃！
除了干草，它们还会吃新鲜的
树皮、燕麦、苹果、胡萝卜……
但发霉的食物会让它们得病！
秋水仙、毒芹、紫杉和橡子也十分危险。

马站着睡觉？并非如此！
闭眼站立时，
马只是在小憩。
这个习惯历史悠久，
因为它们惧怕掠食者。
只要有一点儿声音……啪！它们就会逃跑！
沉睡时，
马也会躺下……但不会太久：
马每天只需五个小时睡眠。

缓行时，马会平静地依次起落四蹄。

转入疾走后，马会快速地同时起落双蹄：

右前蹄和左后蹄……左前蹄和右后蹄……这是它的第二种步态！

小跑是一种更自然的步态，

马的同侧蹄会同时起落。

飞奔是马的第四种步态：

马向左或者向右飞奔取决于它的第一支撑点。

向右飞奔，马会首先落左后蹄，然后落左前蹄和右后蹄，接着再落右前蹄，最后……

在某一时刻，它会让四蹄腾空！

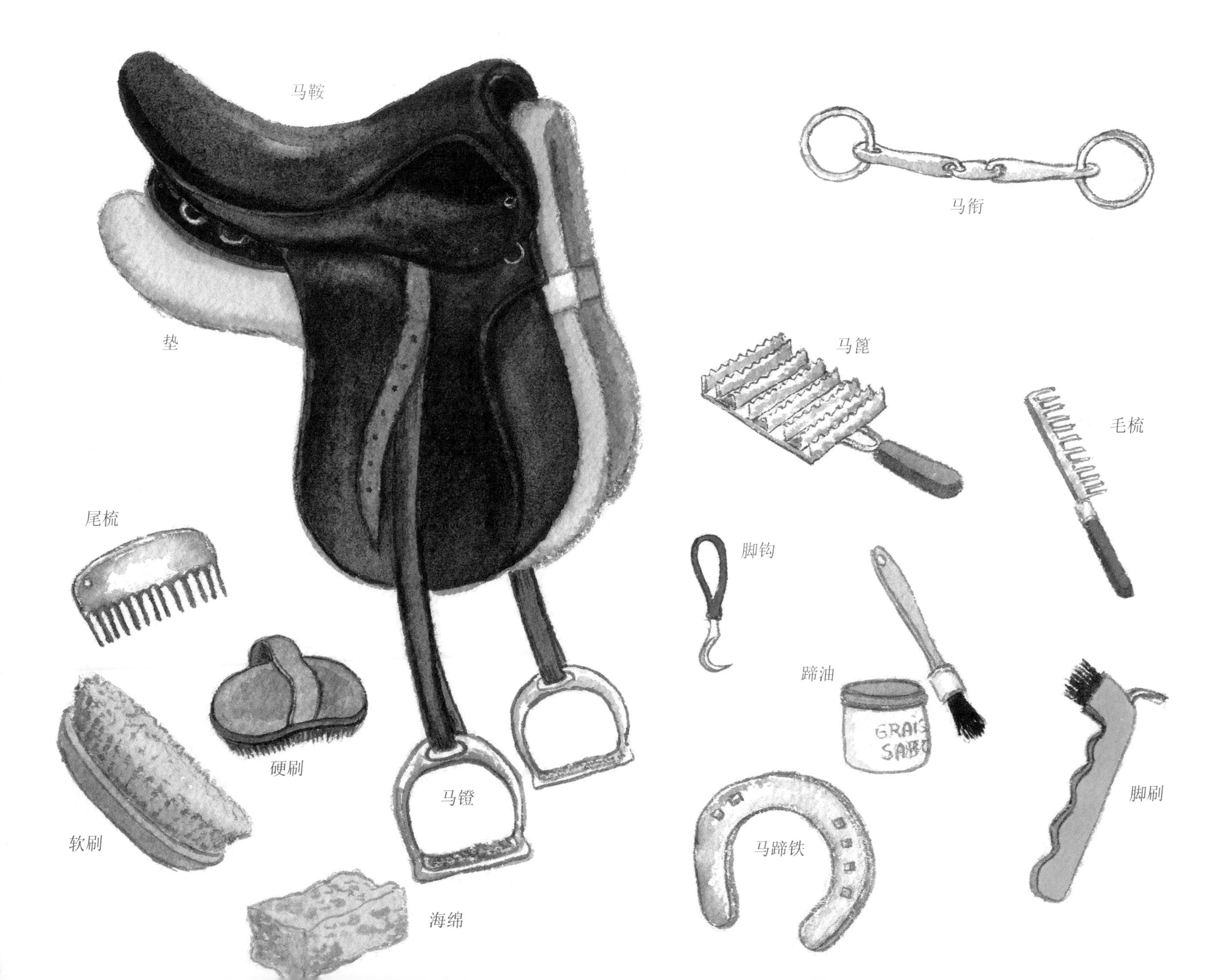
马鞍
马衔
垫
马篦
毛梳
尾梳
脚钩
蹄油
GRAIS
SABO
硬刷
马镫
脚刷
软刷
马蹄铁
海绵

马鞍、马镫、马辔、
马衔、马缰，
骑手，祝您散步愉快！

但要注意，外出前后，
我们必须保养马！
用篦子去除它们的泥垢，
用刷子去除它们的死皮，
用海绵清洁它们的眼睛和鼻孔，
用脚钩清理卡在马蹄中的石子，
用梳子梳理它们的鬃毛……

从飞马到独角兽、半人马……
马是大量神话故事的灵感源泉！
不仅如此！
小说、电影、戏剧、漫画、电视剧……
人类最高贵的仆役不断地出现在我们书写的历险记中。

马的家族

不同于人类，许多动物不用脚掌而用指尖站立，而且它们的指尖通常覆有角质层。在哺乳动物大家庭中，用指尖行走的动物被称为有蹄动物。牛和长颈鹿用两指，是偶蹄动物……犀牛用三指……而马、驴和斑马只用一指，属于马科。饮食方面，马显然属于食草动物，但它们不反刍！食物会立刻进入它们唯一的胃。草、干草、燕麦、玉米……它们什么都吃，但不吃霉变食物！霉菌会危及它们的生命！至于水……它们每天都要喝三十八到四十五升！吃草料时，它们会感到浑身燥热。

马善于交际，不喜孤独。在野外，它们习惯群居：一匹公马和几匹母马会共同繁育后代！分娩时，母马会紧张、不安、躁动、汗流浃背、环顾左右……躺倒，站起，再躺倒……直到马宝宝降世！马宝宝的腿又细又长，长度可达到成年马的90%！它们学习能力很强，立刻就能学会吮吸母乳、疾走、与伙伴玩耍！年轻公马长大后必须离开马群，去寻找自己的母马，组建自己的群体。生命如此延续……

马不仅依靠奔跑躲避掠食者，它们还具备一种罕见的特质，能站着进入轻度睡眠！叶子沙沙作响，马立刻觉醒！借助灵活的耳朵，马能感知来自四面八方的声音。人和猫的眼睛位于正前方，而马的眼睛位于两侧，它们拥有更广阔的视野。这样的布局可以让它们看到四周，但也有缺点：鼻子遮住了眼前大约两米的区域！马用耳朵交流，用鼻尖寻觅、识别和选择食物。它们的鼻子、嘴唇和眼睛周围长有极其敏感的长毛：鼻毛。这些“传感器”就好像天线一样，能够告诉它们周遭的一切！

大量马种以产地、形态和毛色定名：法国快步马、美洲阿帕卢萨斑点马、卡马尔格灰马、布洛奈挽马、佩尔什挽马、西班牙安达卢西亚马、弗里西亚黑马……不胜枚举！我们驯养它们以便完成一些指定的任务：赛跑、代步、供人在马术俱乐部和牧场骑乘、运送木材和其他重物、参加演出……但世上仍有野马和恢复野性的马：美洲野马、非洲的纳米比亚马，以及时不时践踏耕地的澳洲野马！亚洲的普什瓦尔茨基马从未被人驯化，它们矫健的身姿、巨大的脑袋和有力的脖子会让我们想到史前的岩画。

马参与人类的各种活动，它们的用途甚广，因为它们具备多种优秀品质：强壮、善于交际、聪明、敏感……它们温顺却也不服管教，既高贵，也拥有野性的本能。

著作权合同登记：图字 01-2019-5121 号

Françoise Laurent, illustrated by Capucine Mazille

Un cheval, des chevaux

图书在版编目 (CIP) 数据

马的家族 / (法) 弗朗索瓦丝・洛朗著；(荷) 卡普辛・马泽尔绘；苏迪译. -- 北京：人民文学出版社，2020（2023.2重印）
（万物的秘密. 生命）
ISBN 978-7-02-015640-5

Ⅰ. ①马… Ⅱ. ①弗… ②卡… ③苏… Ⅲ. ①马 – 儿童读物 Ⅳ. ① Q959.843-49

中国版本图书馆 CIP 数据核字 (2019) 第 180101 号

责任编辑 朱卫净　杨　芹
装帧设计 高静芳

出版发行 人民文学出版社
社　　址 北京市朝内大街 166 号
邮政编码 100705
印　　制 宁波市大港印务有限公司
经　　销 全国新华书店等
字　　数 3 千字
开　　本 850毫米 × 1168 毫米　1/16
印　　张 2.5
版　　次 2020 年 5 月北京第 1 版
印　　次 2023 年 2 月第 2 次印刷
书　　号 978-7-02-015640-5
定　　价 35.00 元

如有印装质量问题，请与本社图书销售中心调换。电话：010-65233595

为孩子们的心中播下一颗够文艺、够浪漫、够多情的科学种子

科学唯美图画书·探索万物的秘密